BEI GRIN MACHT SICH IHR WISSEN BEZAHLT

- Wir veröffentlichen Ihre Hausarbeit, Bachelor- und Masterarbeit

- Ihr eigenes eBook und Buch - weltweit in allen wichtigen Shops

- Verdienen Sie an jedem Verkauf

Jetzt bei www.GRIN.com hochladen und kostenlos publizieren

Martin Mehringer

Coevolution - Die gegenseitige Anpassung von Tieren und Pflanzen

GRIN Verlag

Bibliografische Information der Deutschen Nationalbibliothek:

Die Deutsche Bibliothek verzeichnet diese Publikation in der Deutschen National-
bibliografie; detaillierte bibliografische Daten sind im Internet über http://dnb.d-
nb.de/ abrufbar.

Impressum:

Copyright © 2009 GRIN Verlag, Open Publishing GmbH
Druck und Bindung: Books on Demand GmbH, Norderstedt Germany
ISBN: 978-3-640-68747-3

Dieses Buch bei GRIN:

http://www.grin.com/de/e-book/156629/coevolution-die-gegenseitige-anpassung-
von-tieren-und-pflanzen

Martin Mehringer

PS Zoogeographie

WS 2009/10

Koevolution

Inhaltsverzeichnis

1. Einleitung und Begriffsklärungen

Koevolution ist ein „Evolutionsschritt einer Eigenschaft der Individuen einer Population als Antwort auf eine Eigenschaft der Individuen einer zweiten Population, gefolgt von einer evolutiven Antwort der zweiten Population auf die Veränderung in der ersten Population."(Benz, G. 1999, S. 14)

Diese enge Definition von Koevolution stammt von Janzen (1980). Es ist jedoch nicht die Einzige. Es gibt auch viel allgemeinere Definitionen, so dass sie eigentlich der Definition der Evolution gleich gesetzt werden müssten (vgl. Futuyma, D. & Slatkin, M. 1983, S. 2). Wie auch Futuyma und Slatkin am Ende ihrer Einführung in ihr Buch „Coevolution" zu dem Ergebnis kommen, dass eine Synthese der Erforschung von Koevolution nicht möglich ist, weil es ein zu breites Spektrum an Forschungsansätzen, Zielen, Definitionen und Feldern gibt, so soll diese Arbeit nur einen Überblick und einen Einstieg in die Thematik geben um ein Verständnis für diesen Gegenstand zu fördern.

Der Begriff Koevolution selbst, wird das erste Mal von Ehrlich und Raven in ihrer Arbeit „Butterflies and plants- a study in coevolution"(1964) gebraucht, wobei schon Darwin 1859 Überlegungen dazu anstellte: „Thus I can understand how a flower and a bee might slowly become, either simultaneously or one after the other, modified and adapted in the most perfect manner to each other" (nach Darwin in Futuyma, D. & Slatkin, M. 1983 S. 3). Unter die Evolutionsökologie, welche „erforscht, wie sich Arten an ihre Umwelt anpassen" (Howe, H. & Westley, L. 1993, S. 28) und der Ökologie, welche die „Beziehungen der Tiere und Pflanzen zu ihrer unbelebten und belebten Umwelt" (Howe & Westley 1993, S. 28) untersucht, kann man die Erforschung der Koevolution einreihen.

Wichtig ist es, bei allen phylogenetischen (Stammbaumforschung), genetischen, oder anderen Betrachtungsweisen, niemals den Blick auf die Umwelt zu vernachlässigen. Sie bestimmt in großem Maße die natürliche Auslese, Selektionsdruck und auch die Fitness einzelner Populationen, die sich dann wiederum auf andere Arten auswirken. (vgl. Benz, G. 1999 S. 86)

2. Arten der Koevolution

Georg Benz postuliert im Neujahrsblatt der Naturforschenden Gesellschaft von 1999, „dass nur in wenigen Fällen die Beziehungen zwischen zwei Arten oder Artengruppen so eindeutig sind, dass als Erklärung *nur* [Hervorhebung durch den Verfasser] Koevolution im strengen Sinn des Wortes befriedigen kann." (Benz, G. 1999, S. 84)

Doch wenn dies der Fall ist, so kann diese Anpassung auf verschiedene Weisen und auf unterschiedlichen Ebenen geschehen sein. Sei es, bezogen auf z.B. ein pflanzliches Gift, welches nur für eine Insektenpopulation ungiftig ist, oder eine Population von Bienen, die für eine Baumart den einzigen Pollinator (Bestäuber) darstellt und somit seinen Fortbestand sichert und andersherum die Blüte des Baumes nur von dieser einen Art bestäubt werden kann, weil sie sich ganz auf die eine Bienenart spezialisiert hat.

Es gibt neben der paarweisen Koevolution, im Sinne von „spezifisch aneinander [angepasst]" (Howe, H. & Westley, L. 1993, S. 120), auch die diffuse Koevolution (auch Multispezifische Koevolution oder Koevolution von Gilden genannt). Hierbei haben sich zwei Artengruppen ‚aufeinander eingestellt‘ und interagieren miteinander, „wobei jede Gruppe die andere in mehr oder weniger gleichem Maße beeinflußt" (Howe, H. & Westley, L. 1993 S. 120) , was ein Problem mit sich bringt, da hier sehr viele Möglichkeiten der Interaktionen möglich sind(Thompson, J. 1994, S. 255). Bei der asymmetrischen Koevolution schließlich, hat eine Population oder Gruppe von Tieren, Insekten oder Pflanzen einen weitaus größeren Vorteil gegenüber seinem Konterpart der Koevolution generiert und ist somit schneller evolviert, dem Gegenüber also ‚überlegen‘. Oft wird dies nicht als Koevolution im engeren Sinne verstanden. (vgl. Howe, H. & Westley, L. 1993, S. 120)

3. Paarweise Koevolution

Im Folgenden werde ich durch eindringliche und gut gewählte Beispiele die Verschiedenartigkeit der Koevolution zwischen Blüten und ihren Pollinatoren (Bestäubern) beleuchten und im Weiteren auf Pflanzen mit angepassten Abwehrmechanismen gegen Herbivoren eingehen.

3.1 Blüten-Pollinatoren-Koevolution

Die Pollination (Bestäubung, Pollenübertragung) von Angiospermen (Bedecktsamer) durch ihre Pollinatoren (Bienen, Falter, Käfer, Fledermäuse, etc.) stellt eine koevolutorische Anpassung beider Seiten dar, welche seit Millionen Jahren die Vormachtstellung der entomophilen (durch Insekten bestäubte) Blütenpflanzen gegenüber den sich über Windbestäubung fortpflanzenden Landpflanzen beweist. 250000 von 310000 bekannten rezenten Pflanzen sind Angiospermen (vgl. Benz, G. 1999, S. 28). Um Bestäuber anzulocken, haben sich bei Entomogamen (Insektenblütler, auch Entomophile genannt) bestimmte Funktionsweisen aus Mutationen durchgesetzt, die ihnen einen Selektionsvorteil bescherten. Diese sind z.B. Blütenfarben, Gerüche und auch Nektarien (eiweiss- und lipidreiche Nektarreservoirs), aber auch bestimmte Verhaltensmuster, wie die Öffnung der Blüten zu bestimmten Tages- und Nachtzeiten, oder die Anpassung der Blütenform an ihren jeweils bevorzugten Pollinator. Im Gegenzug haben sich die Bestäuber in ihren Verhaltensweisen und ihrer äußeren Erscheinung an die Blüten angepasst, wie z.B. ihre Mundwerkzeuge (Abb. 1) und Hinterbeine. (Benz, G. 1999, S. 10f.)

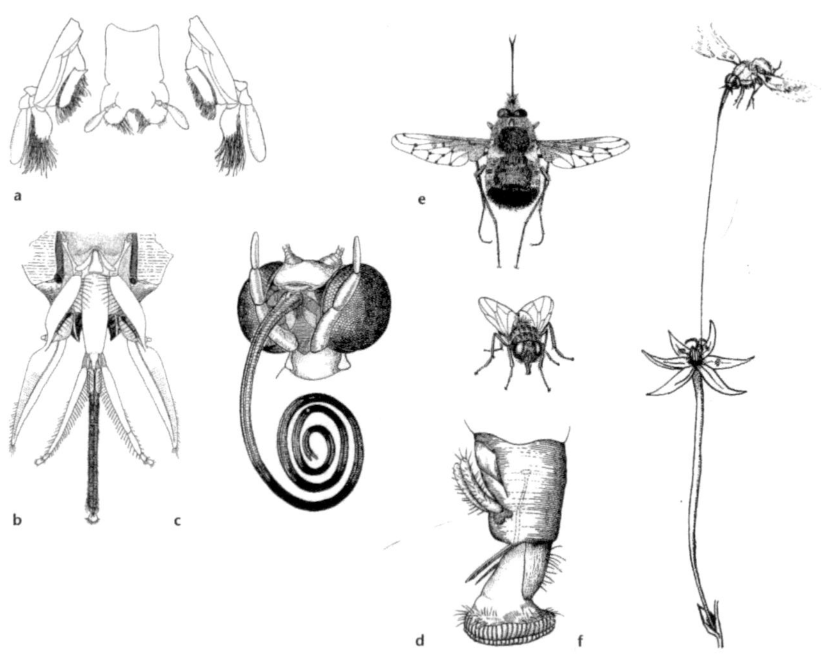

Abb. 1: a) kauend-beißendes Mundwerkzeug, b)leckend-saugendes Mundwerkzeug, c)d)e)f) Saugrüssel
(aus: Nentwig,W. & Bacher, S. 2004, S. 259)

All diese Anpassungen, welche aus Mutationen hervorgingen, brauchten Jahrmillionen um
sich in den jeweiligen Populationen durchzusetzen, und dieser Prozess ist nicht
abgeschlossen. Der momentane Zustand der Natur- und hier besonders der koevolvierenden
Arten- ist nur eine Momentaufnahme und spiegelt keinen unumstößlichen status quo wider.

3.1.1   Biene – Salbei

Im Falle von Salbeiblüten hat sich ein sehr effizienter Mechanismus und eine starke
Anpassung, der Blüte an den Bestäuber entwickelt.   Bei Klebrigen Salbei ist dies die
Hummel, bei Wiesensalbei die Biene (Abb. 2). Der Mechanismus, der eine Selbstbestäubung
vermeiden   und Nektar und Pollen vor anderen potentiellen Räubern schützen soll,
funktioniert wie folgt:

Setzt sich eine Biene auf die Blüten und will den, im weit hinteren Bereich der Blüte liegenden Nektar erreichen, setzt sie einen Kippmechanismus in Gang, welcher die zwei Staubblätter mit den Pollensäcken auf die Flügel der Biene drückt und gleichzeitig die Narbe der Blüte von den Staubblättern wegbewegt, dass keine Selbstbestäubung eintreten kann. Der Mechanismus kommt zustande, da sich zwei andere Staubblätter evolutorisch so verändert haben, dass sie zu einem „Torsionsgelenk mit Rachensperrplatte umgebaut und umfunktioniert wurden" (Benz, G. 1999, S. 79). Die Sperrplatte wird beim Versuch der Biene an den Nektar zu kommen nach hinten gedrückt, was den Kippmechanismus auslöst. Nach einigen Tagen hat sich die Blüte verändert und ist nun bereit bestäubt zu werden, anstelle ihren Pollen weiter abzugeben. Die Staubblätter sind verkümmert und die Narbe hat sich nach unten zum Blüteneingang gebogen, so dass nun ankommende Bienen mit fremden Pollen beim Eingang zur Blüte an der Narbe vorbeistreichen und sie bestäuben. (vgl. Benz, G. 1999, S. 79f.)

Abb. 2: oben: Wiesensalbeiblüte mit Biene, Staubblätter platzieren Pollen auf Flügel, mitte: Klebriger Salbei mit Hummel (aus Benz, G. 1999, S. 80)

3.1.2 Feige – Feigenwespe

Bei diesem Beispiel handelt es sich fast um eine Symbiose, da weder die Feige (Gattungsname *Ficus*), noch die Feigenwespe ohne den Anderen überleben könnte. Sowohl die Ziegenfeige, Feigenwespe, als auch die Kulturfeige (Essfeige) sind bei diesem Koevolutionsdreieck beteiligt. (vgl. Benz, G. 1999, S.68)

Der Vorgang der Bestäubung und der Fortpflanzung beginnt im Frühjahr, indem die weibliche Feigenwespe in den Blütenstand der Ziegenfeige eindringt. Dieser Vorgang erweist sich als äußerst schwierig, da es sich um ein sehr kleines Loch handelt, durch welches sie sich zwängen muss (Abb. 3&4). Im Innern angekommen legt sie ihre Eier auf die weiblichen Blüten. Nach diesem Vorgang sterben die Weibchen. Aus den Eiern entwickeln sich Gallen (siehe 3.5.2.2), in denen die männlichen und weiblichen Nachkommen heranwachsen. Im Juni oder Juli sind die männlichen Wesen bereit sich aus den Gallen zu entfernen und suchen danach direkt eine Galle mit einem Weibchen darin auf, in die sie ein kleines Loch nagen und die Weibchen in der Galle mit ihrem stark verlängerten Unterleib begatten (Abb. 3). Erst später sind auch die Weibchen bereit sich aus der Galle zu nagen und sich aus dem Feigenblütenstand zu entfernen. Bis zu dieser Zeit waren die männlichen Blüten am Ausgang noch ohne Pollen, sind aber jetzt ausgereift. Beim Versuch den Feigenblütenstand zu verlassen, streifen die Weibchen an ihnen vorbei und werden mit dem männlichen Samen überzogen. Danach suchen die Wespenweibchen die Blütenstände der Essfeige auf, welche nur weibliche Blütenstände besitzt. Die langgriffligen Blütenstände sind jedoch nicht für eine Eiablage geeignet. Beim Versuch die Eier auf sie abzulegen bestäubt sie sie und zieht weiter zum nächsten Blütenstand des Baumes, wo es ihr wieder nicht gelingt ihre Eier abzulegen. Auf diese Weise kann eine Feigenwespe einen ganzen Baum befruchten. Erst im Herbst bilden sich dann an der Essfeige ungenießbare Mutterfeigen aus, welche erneut kurzgrifflige Blütenstände haben, auf denen eine Eiablage möglich ist. Die dort abgelegten Eier und die sich in Gallen schützende zweite Generation von Nachkommen überwintern dann in diesen Blütenständen als Larven, um im Frühjahr erneut den Zyklus der Befruchtung und Vermehrung zu starten. (vgl. Benz, G. 1999, S. 68-71)

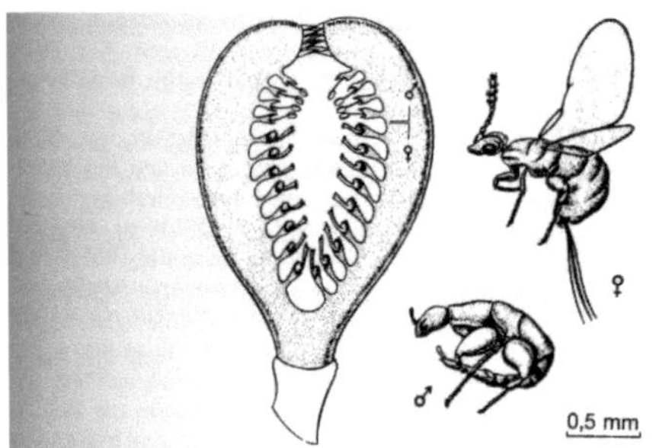

Abb. 3: männliche und weibliche Feigenwespe; links Feigenblütenstand
(aus Howe, H. & Westley, L. 1993, S. 176)

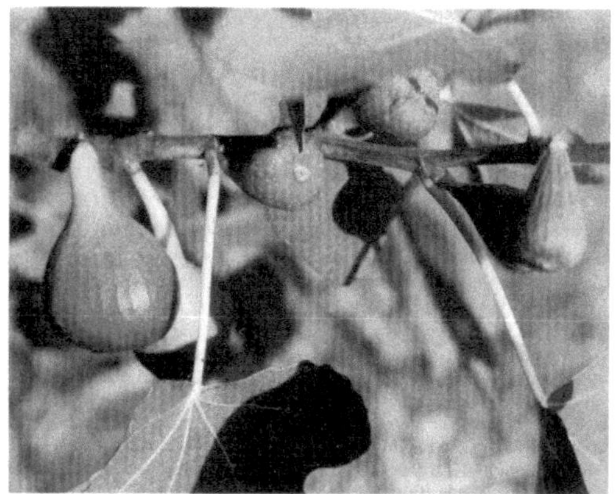

Abb. 4: reife (links) und unreife (rechts) Feigen. Zugänge an Unterseite
(aus Benz, G. 1999, S. 23)

3.1.3   Fledermäuse in Südamerika

In manchen Teilen der Erde bestäuben auch Fledermäuse manche Blüten. In Südamerika ist dies meist der Fall. Auch hier zeigen sich spezifische Anpassungen der Blüten: Sie haben größere Öffnungen und sind zudem stabiler, damit sich die Fledermaus auf den Blütenkelchen setzen kann. Es gibt aber auch im Flug bestäubende Fledermäuse, deren bevorzugte Pflanzen keine solchen Anpassungen aufweisen, sie besitzen aber oft breitere Blüten (Abb. 5). (vgl. http://www.bgbm.org/bgbm/pr/zurzeit/papers/sprengel.htm)

Die Pflanzen, die sich von Fledermäusen bestäuben lassen öffnen sich außerdem erst nachts, was als Schutz vor ungewollten Pollinatoren zu sehen ist, da sich ja ihre Blüten ganz an die Physiognomie der Fledermäuse angepasst haben. Damit die Fledermäuse die Blüten in der Nacht sehen können, hat sich bei verschiedenen Populationen eine Modifizierung der Stäbchen auf der Netzhaut durchgesetzt, mit denen sie das kurzwellige UV-Licht sehen können. Dafür besitzen sie keine Zapfen auf der Retina und können fast keine Farben sehen. Die südamerikanischen Blütenpflanzen, die sich von diesen Fledermäusen bestäuben lassen machen sich diese Tatsache zu Nutzen, indem sie mehr ultraviolettes Licht Reflektieren, als andere Blüten. Deshalb und durch weitere Anpassungen der Blüten, wie eine exorbitante Vergrößerung der Blüten, die der Fledermaus helfen sie besser zu orten durch ihr Echo-Ortungssystem, sind Fledermäuse in der Lage nachts ihre Nahrungsquellen aufzusuchen. Die

Bäume und Pflanzen haben vor allem einen Vorteil durch die Pollination durch Fledermäuse: Sie legen während ihrer nächtlichen Streifzüge sehr weite Strecken sehr schnell zurück. Dies bedeutet für die Pflanzen eine gesicherte Bestäubung auch von weit voneinander entfernten Individuen einer Population in sehr dicht bewaldeten Gebieten des Regenwaldes.

(vgl. http://www.innovations-report.de/html/berichte/biowissenschaften_chemie/bericht-22291.html nach: Winter, Y. & Lòpez, et al. 2003)

Abb. 5: nektarschlürfende Fledermaus (aus: http://wdrblog.de/zoos_nrw/2007/09/babyboom_bei_bl.html)

3.1.4   Kolibris

Im Laufe der Stammesgeschichte einiger neuweltlichen Blumenvögel (Waldsänger, Tangare, Kolibris), die alle in Nord- bis Südamerika beheimatet sind, hat sich eine besondere Spezialisierung ergeben. Sie sind in der Lage vom Nektar bestimmter Blütenpflanzen zu überleben und stellen damit die Bestäubung dieser Blütenpflanzen sicher. Dies nennt man Ornithophilie (Vogelbestäubung). (vgl. Kratochwil, A. & Schwabe, A: 2001, S. 430f.)

Jedoch ist der Kolibri nur dann in der Lage Blüten zu bestäuben, wenn die Nektarien viel Nahrung zur Verfügung stellen, um ihren schnellen und viel Energie verschlingenden Stoffwechsel aufrecht zu erhalten. Die hohe Rate ihres Metabolismus ist bedingt durch ihre kleine Größe. Deshalb fliegen Kolibris nur sehr nektarreiche Blüten an, die über viel Zucker verfügen (Abb. 6) und dies v.a. durch rote Färbungen den Kolibris signalisieren. Durch ihren hohen Stoffwechselumsatz müssen die kleinen Vögel auch sehr viele Blüten besuchen, was sie für die zu bestäubende Pflanze zu einem äußerst produktiven Pollinator macht. Die Blüten, welche von Kolibris besucht werden, sind äußerst lang und röhrenförmig, um einerseits andere Räuber des Zuckersaftes nicht bis zu ihnen vordringen zu lassen, da sonst zu wenig für den Kolibri übrig wäre, andererseits stellt dies eine koevolutorische Anpassung beider dar (Abb. 7). (vgl. Kratochwil, A. & Schwabe, A: 2001, S. 430f und Howe, H. & Westley, L. 1993, S.144- 149)

Bestäuber[a]	Saccharose/(Glucose + Fructose)-Verhältnis			
	<0,1	0,1–0,499	0,5–0,999	>0,999
Kolibris	0	18	45	77
andere Vögel	59	17	2	0
Schwärmer	2	8	19	32
andere Schmetterlinge	8	31	35	44
kurzrüsselige Bienen	115	103	28	17
langrüsselige Bienen	13	75	49	66
Fledermäuse	10	21	2	1
Käfer	1	3	2	3
Fliegen	29	27	7	9

Quelle: Daten aus Baker und Baker (1983).

[a] Taxonomische Gruppen, die sich nicht signifikant voneinander unterscheiden, sind zusammengefaßt (zum Beispiel „andere Vögel").

Abb. 6: Bestäuber von Blütenpflanzen in Abhängigkeit der Zuckerkonzentration des Nektars

(aus Howe, H. & Westley, L. 1993, S. 148)

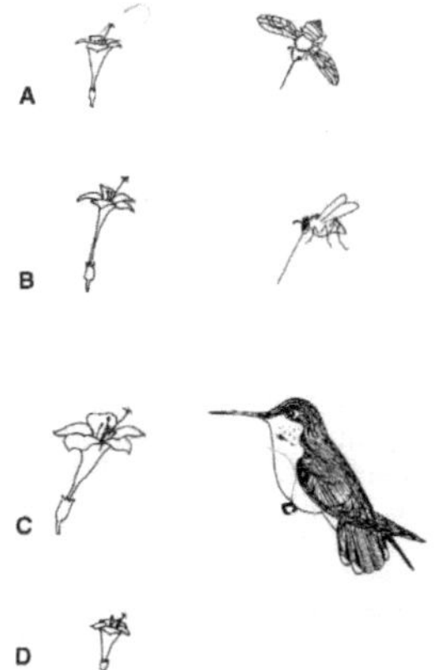

Abb. 7: Gegenseitige Anpassung von *Gilia splendens* (Blüte) an ihre regionalen Bestäuber
(aus Howe, H. & Westley, L. 1993, S.220)

3.2 Pflanzengifte gegen Herbivoren

Wie bereits oben erwähnt, gibt es Pflanzen und Bäume, die Gifte, sogenannte sekundäre Pflanzenstoffe, oder Sekundärmetaboliten produzieren. Sie werden sekundär gebildet, sind also ein Stoffwechselprodukt eines meist nicht primären Stoffwechsels. Ihre eigentliche Aufgabe ist die Abschreckung von Fressfeinden. Doch können sich diese Fressfeinde auch an die Giftstoffe anpassen, ja sie sogar nutzbar machen, wie im folgenden Beispiel die Anpassung des Falters Karminbär (Tyria jacobaeae) an das Gemeine Kreuzkraut (Senecio vulgaris), bzw. Jakobskreuzkraut (Senecio jacobaea) illustriert.

3.2.1   Karminbär

Abb. 8: a)Karminbärraupen auf Jakobskreuzkraut, b)Falter des Braunen Bärs
(aus Benz, G. 1999, S. 23)

Der weibliche Falter des Karminbärs sucht sich die Kreuzkrautart mit der höchsten Seneciphyllin-konzentration aus, um darauf ihre Eier abzulegen (im Sommer das Jakobskreuzkraut, im Frühling das Gemeine Kreuzkraut). Die Raupe kann sich (anders als z.B. die Kuh, die ebenfalls auf den Plätzen weidet, auf denen diese Pflanze vorkommt) von diesen Gewächsen ernähren und speichert gleichzeitig das mit aufgenommene Gift in den Körperzellen. Dadurch wird die Raupe giftig. Dieser Zustand trifft nach dem Puppenstadium auch auf den Falter zu, der sich (bzw. seine Population) damit vor Fressfeinden schützt. Damit sich aber der Räuber an den ekelhaften Geschmack und sein Erbrechen nach dem Genuss eines solchen Falters, oder seiner Puppe erinnert, „bedurfte es weiterer Evolutionsschritte: (…) [sie] mussten durch Warnfarben erkennbar sein. Die Raupen sind (…) gelb und schwarz geringelt und die Falter schwarz und leuchtend rot gefärbt" (Benz, G. 1999, S.23). (vgl. Benz, G. 1999, S. 22f.)

Die chemische Koevolution zwischen Pflanze und Insekt verläuft vereinfacht und in zeitlicher Reihenfolge, wie folgt ab:

Durch eine Mutation im Stoffwechsel des Kreuzkrauts (nicht nur einer Pflanze) kommt es zur Bildung des Giftes. Da es einen Selektionsvorteil gegenüber anderen Individuen der gleichen Art darstellt, setzen sie sich durch, bzw. bringen das/die verantwortliche(n) Gene in den gemeinsamen Genpool ein. Durch gleichzeitige Mutationen im Karminbärstoffwechsel (wieder gleichzeitig in mehreren Individuen) kann ein Teil der Population auf den Krautgewächsen leben und nimmt, bedingt durch weitere Mutationen, das Gift in den Körper auf. Mit der Färbung verhält es sich wie folgt: Wenn eine Art wirklich giftig ist und eine aposemantische Färbung besitzt, die an die Färbung eines anderen giftigen Organismus erinnert, so nennt man dies *Müllersche Mimikry.* Jedoch würde die Erklärung des Zustandekommens dieser Färbung zu viel Zeit in Anspruch nehmen, weshalb ich sie hier weglasse. (vgl. Nentwig, W. & Bacher, S. et al. 2004, S. 158)

Dies ist eine sehr plakative Art diese Phänomene der Anpassung herzuleiten und soll nur einmalig zum Verständnis des Sachverhalts ausformuliert werden und nicht unkritisch übernommen werden.

3.2.2   Induzierte Resistenz

Die stetige Produktion der Sekundärmetaboliten wäre auf Dauer für jede Pflanze und jeden Baum ein zu großer Aufwand. Deshalb bilden sie nur bei offensichtlicher Gefahr (Befraß) ihre spezifischen Gifte oder anderen Schutzreaktionen, wie z.B. das Verhärten der Blätter, aus. Induzierte Resistenz stellt also eine „Abwehr nach Bedarf" (Benz, G. 1999, S. 44) dar. Es gibt sowohl eine *short- term-*, als auch eine *long- term induction*. Die Erstere bewirkt eine sofortige Abwehrreaktion, die Zweite eine um etwa ein Jahr verschobene Reaktion, um im nächsten Jahr vor einem erneuten Angriff durch Fressfeinde, gewappnet zu sein. Dieses zuerst beim Lärche/Lärchenwickler untersuchte System tritt auch bei „Blacken/Blackenkäfer(…), Kartoffel/Kartoffelkäfer(…), (…) Grauerle/Erlenblattkäfer(…), Traubenkirsche/Traubenkirschengespinstmotte(…)"(Benz, G. 1999, S. 45) und weiteren Arten auf. (vgl. Benz, G. 1999, S. 25f und S. 44-59.)

Es handelt sich also um einen aus der Koevolution entstandenen Schutz gegenüber den Hauptfressfeinden, die sich zuvor ebenfalls koevolutorisch an die Pflanzen/Bäume angepasst haben (vgl. Benz, G. 1999, S.57). Er schützt eigene Ressourcen bei Nichtbefall und schaltet sich erst nach den ersten Fressschäden ein.

Ein umstrittener Sonderfall der induzierten Resistenz sind die *„talking trees"*(Benz, G. 1999, S. 54). Simpel ausgedrückt warnen einzelne Bäume, die von Herbivoren befallen sind andere Bäume der gleichen Art, die in der näheren Umgebung stehen, vor einem möglichen Befall. Dies geschieht über „pheromonartige Stoffe" (Benz, G. 1999, S. 54), die die befallenen Individuen an die Luft abgeben. Pappeln, Roterlen, Zuckerahorn und Sitkaweiden wurden darauf hin untersucht, wobei unterschiedlich Untersuchungsanordnungen unterschiedliche Ergebnisse hervorbringen. (vgl. Benz, G. 1999, S.54ff.)

3.2.3   Lärche-Lärchenwickler

Ein äußerst interessantes Beispiel stellt das System zwischen Lärche und Lärchenwickler (Abb. 10a) dar. Die Lärche wird in einem Zeitraum von acht bis zehn Jahren immer wieder von diesen Raupen befallen, worauf die ganze Population kahl gefressen wird, aber nicht abstirbt (Abb. 9 links). Durch eine induzierte Resistenz (härtere Blätter, etc.) wird die Lärchenpopulation aber dann für die nächsten acht bis zehn Jahre geschützt. In subalpinen Räumen (1600 bis 2000 m. ü. M.) kommen oft reine Lärchenwälder vor, die „wohl als koevolutiv durch gegenseitige Anpassung von Lärche und Lärchenform des Lärchenwicklers [es gibt auch Formen, die v.a. Arven befallen] entstandene Vegetationsform betrachtet werden" (Benz,G. 1999, S. 57) können, da bei einem Komplettbefall sich die Raupen von den Lärchen abseilen, weil für einige Individuen kein Platz mehr auf den Bäumen ist. Der

Jungwuchs von Fichten und Arven, die dieselben Standorte bevorzugen wie die Lärchen und seit dem letzten Komplettbefall der Lärchen gewachsen sind, werden von den abgeseilten Raupe befallen (Abb. 9 rechts) und fast komplett vernichtet, so dass nur die Lärchen in diesen Gebieten überleben können. Der bevorzugte Lebensraum wird also durch die eigenen Fressfeinde geschützt. (Benz, G. 1999, S. 56-59)

Abb. 9: links: kahlgefressene Lärche, rechts: von Lärchenwickler befallene Arve
(aus Benz, G. 1999, S. 57)

Abb. 10a: a) Falter des Lärchenwicklers, b) Raupen des Lärchenwicklers, c) Wickel der Lärchenwicklerraupen
(für wohnen und fressen), d) Sekundärgespinst (Raupen ohne Wickel), f) frischer Nadelaustrieb
(aus Benz, G. 1999, S. 58)

3.3 Mutualismus

Eines der bekanntesten Beispiele für Mutualismus und Koevolution, ist die Anpassung von
Ameisen- und Akazienarten. Die „mexikanische *Acacia cornigera* [besitzt] hohle Dornen die
bei dieser Art von der Ameise *Pseudomyrmex ferrugineus* besiedelt" (Benz, G. 1999, S. 19)
wird (Abb. 10b). Daneben stellt die Akazie den Ameisen extraflorale Nektarien „sowie
eiweiss- und oder lipidreiche Nahrungskörperchen (sog. Trophosomen[)]" (Benz, G. 1999, S.
19) zur Verfügung, um sie zu ernähren. Sie erhält im Gegenzug Schutz vor Herbivoren
(Pflanzenfressern) und muss keine sekundären Pflanzengifte produzieren. Ohne den Schutz

der Ameisen ist die A. cornigera nicht überlebensfähig, da sie sofort von Fressfeinden befallen wird. Inwieweit sich diese mutualistische Anpassung aus welchen Anlagen (Zufall-vorausgehende, räuberische Beziehung der Ameise zur Akazie- etc.) heraus entwickelt hat, ist umstritten (vgl. Futuyma, D. & Slatkin, M. 1983, S.10). Sicher ist jedoch, dass sowohl die Akazie, als auch die Ameisen einen großen Vorteil in Bezug auf den auf sie ausgeübten Selektionsdruck besitzen.

Abb. 10b: Ameisen auf Akazie: grüne Bällchen=Trophosome, links: hohle Dorne
(aus Benz, G. 1999, S. 19)

Unter Mutualismus ist auch die Pollination von Blüten durch Fluginsekten, das Verbreiten von Samen durch Tiere und der genannte Schutz von Pflanzen durch Ameisen zu verstehen (Abb. 11). Würde es keinen Mutualismus geben, gäbe es viele Pflanzen- und Tierarten gar nicht. Die Ökologie hat die Aufgabe „die Mechanismen zu verstehen, mittels derer sich Pflanzen und Tiere gegenseitig zu ihrem gemeinsamen Vorteil ausbeuten"(Howe, H. & Westley, L. 1993, S. 140). (vgl. Howe & Westley 1993, S. 140)

Interaktion	Vorteile für die Pflanzen	Vorteile für die Tiere
Bestäubung	Befruchtung der Eizelle, vorwiegend durch Pollen anderer, artgleicher Pflanzen	Nektar und/oder Pollen als Nahrung für Insekten, Vögel und Säugetiere; Düfte als Paarungspheromon bei einigen Bienen (Euglossinae)
Samenverbreitung	Samen und Keimlinge entgehen Pathogenen, Insekten und Nagetieren in der Nähe der Elternpflanzen; Transport der Samen zu Standorten, die für das Keimlingswachstum günstig sind	Nahrung für Insekten oder Wirbeltiere, die das eßbare Fruchtfleisch verdauen und die Samen wieder ausspeien oder den Verdauungstrakt passieren lassen; oder sie verstecken Samen für späteren Verzehr und finden dieses Versteck nicht wieder
Schutz durch Ameisen	Ameisen töten oder vertreiben Herbivore; sie halten die Umgebung der Wirtspflanzen von Kletterpflanzen und anderer konkurrierender Vegetation frei	Nahrung aus extrafloralen Nektarien, stärke- und proteinreichen Futterkörpern, Domatien in hohlen Stengeln oder Dornen

Abb. 11: Die wichtigsten Mutualismen zwischen Pflanzen und Tieren und ihre Vorteile
(aus Howe, H. & Westley, L. 1993, S. 141)

„Different kinds of organisms help each other out"(Boucher, D. 1985, S.1), so die etwas saloppe Definition von Mutualismus durch Boucher. Eingeführt wurde der Begriff vom belgischen Zoologen Pierre Van Beneden in seiner sehr erfolgreichen Vorlesung „A word on the social life of lower animals" von 1896 (vgl. Boucher, D. 1985, S. 13). Doch bereits Herodot und Aristoteles entdeckten in der griechischen Antike Mutualismen (ein Vogel säubert die Mundhöhle eines Krokodils), die sie auf das Zusammenleben der Menschen ummünzten und mit einer Moral versahen. Später, im 19. Jahrhundert wurden die Begriffe Symbiose, Parasitismus und Mutualismus voneinander getrennt betrachtet und definiert, doch sind klare Grenzen bis heute manchmal schwer auszumachen und werden von zeitgenössischen Forschern gern sehr unterschiedlich gezogen, bisweilen neu definiert (vgl. Boucher, D. 1985, S. 29 und Thompson, J. 1982, S. 7f.). Es gibt weitere Entwicklungen und Strömungen in der (evolutions-)ökologischen Forschung, unter der die Erforschung von Mutualismus grundsätzlich fällt, doch ist sie hier nicht weiter von Interesse (siehe hierzu Boucher, D. 1985, S. 1-24). Boucher weißt jedoch noch auf einen wichtigen Punkt hin: „mutualism ist the major organizing principle in nature" (Boucher, D. 1985, S. 23), und macht dies an 14 weiteren Punkten fest, wobei Nummer 13 einen der wichtigsten darstellt: „Mutualisms can evolve, despite the 'group selection problem', even with large trait groups (Wilson 1980)"(Boucher, D. 1985, S. 23), simpel ausgedrückt: Koevolution und Mutualismus

19

ist etwas, das nicht getrennt voneinander betrachtet werden darf, sondern nur unter ein und demselben Gesichtspunkt Sinn macht, denn die Frage, warum sich Mutualisten teilweise so stark aufeinander ausgerichtet haben ist oft nur durch Koevolution beantwortbar.

Ein Weg herauszufinden, wie zwei Arten mutualistisch zueinander stehen und dessen Begrifflichkeit zu klären, kann man an der Entwicklung ihrer Populationsstärken (biologische Fitness) erkennen. Zwei Organismen, die ihre Fitness gegenseitig reduzieren stehen in Wettbewerb (competition) zueinander. Wenn die Fitness eines Organismus gleich bleibt, der andere aber einen Teil seiner Populationsstärke einbüßt heißt es Amensalismus (amensalism). Falls eine Population größer, die andere dagegen kleiner wird, so spricht man von Agonismus (agonism)- wobei man hierbei auch zwischen parasitären und Räuber-Beute-Beziehungen unterscheiden muss. Der Sammelbegriff für alle drei Fachausdrücke ist Antagonismus. Hingegen bei Neutralität (neutralism) bleiben beide Populationen gleich stark. Bei Kommensalismus (commensalism) behält eine dieselbe Stärke, die andere Population nimmt zu und schließlich bei Mutualismus nehmen beide Populationsstärken der Organismen zu (Abb. 12). (vgl. Boucher 1985, S. 30f.)

0/0	„Neutralismus": Arten interagieren, ohne die Fitness des Partners zu beeinflussen.
0/+	Kommensalismus: Eine Art genießt Vorteile, die zweite bleibt unbeeinflußt.
0/−	Amensalismus: Eine Art erleidet Nachteile, die andere bleibt unbeeinflußt.
−/−	Konkurrenz: Zwei Arten benutzen die selbe(n) begrenzende(n) Ressource(n).
−/+	Herbivorie, Parasitismus, Prädation: Eine Art frißt die andere.
+/+	Mutualismus: Beide Arten profitieren.

---

[a] Für die beiden interagierenden Arten bedeuten die Zeichen jeweils, daß die Beziehung die Fitness erhöht (+), verringert (−) oder nicht beeinflußt (0).

Abb. 12: Beziehungen zwischen Arten und ihre Beeinträchtigung der Fitness [a]
(aus Howe, H. & Westley, L. 1993, S. 250)

Durch eine genauere Beleuchtung der Bindung zweier Mutualisten zueinander kann man zwischen obligaten und fakultativen Mutualisten unterscheiden. Ein obligater Mutualist ist ohne seinen Partner nicht überlebensfähig, sie weisen eine starke Bindung auf, wobei ein fakultativer Mutualist auch ohne seinen Partner überleben kann, weil er auch andere Organismen, die ihn z.B. mit Nahrung versorgen, zu Verfügung hat. Ein obligater Mutualist kann aber auch einen Gegenpart besitzen, der nur fakultativ auf ihn angewiesen ist. Dies ist der Fall bei Ameisen, die Elaiosomen (Ölkörperchen) von Pflanzen als Nahrung nutzen (fakultativ), wobei die Pflanze auf das Verbreiten ihrer Samen durch die Ameisen obligat angewiesen ist. (vgl. Nentwig, W. & Bacher, S. 2004 S. 205f.)

3.3.1 Yuccapalme-Yuccamotte

Ein weiteres Beispiel für obligate Mutualisten stellen die Yuccapalme und ihr einziger Bestäuber, die Yuccamotte dar (Bild siehe Deckblatt). Die Motten sind obligate Bestäuber für die Palme und die Palme für die Motte obligat weil sie nur ihre Blüte zur Fortpflanzung nutzen kann. Jeder einzelne Mutualist hat auf seine Art eine Investition in den anderen getätigt. Die Motte hat im Laufe der beidseitigen Koevolution ihre Beine stark verändert um besonders gut den Pollen der Palme aufzunehmen, um ihn dann zusammen mit ihren Eiern auf die Narbe einer anderen Pflanze zu legen. Die Palme wird jedoch daraufhin von ihr „bestohlen". Die sich in den Blütenständen entwickelnden Larven erhalten nicht nur Schutz vor Fressfeinden von der Palme, sondern sie fressen auch einen Großteil der durch die Bestäubung herangereiften Samen. Doch anstelle spezifischer Abwehrreaktionen hat die Yuccapalme eine andere Strategie („Investition") entwickelt, um den auf sie angepassten und effizienten Betäuber nicht zu verlieren: Sie bildet mehr Samen aus, als die Larven vor der Verpuppung fressen können, so dass noch genug von ihnen übrig bleiben und eine Gefährdung des Fortbestands der Palme nicht zu befürchten ist. Die beidseitigen „Investitionen" und das „Bestehlen" sind als koevolutorische Anpassungen zu verstehen. (vgl. Nentwig, W. & Bacher, S., et al 2004 S. 206)

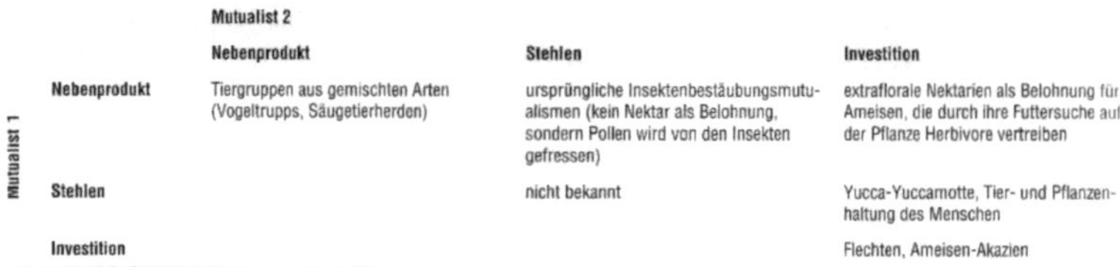

Abb. 13: Mutualistische Beziehungen im Hinblick auf Investition und Stehlen
(aus Nentwig, W. & Bacher, S., et al 2004 S. 206)

3.4 Symbiosen

Oft denkt man bei dem Wort „Symbiose" an Tiere und Pflanzen, die kleine Helfer haben, die ihnen das Leben etwas leichter machen und nicht zuerst an den bekanntesten und am meist besiedelten Wirt für Symbionten und kleine Nutznießer aller Zeiten: Der Mensch (Abb. 14).

Auf jede Zelle unseres Körpers kommen 20-mal so viel nützliche und weniger nützliche Ein- und Mehrzeller, die sowohl im Innern als auch auf der Haut eines jeden von uns leben. Das macht eine Gesamtzahl von 100.000.000.000.000.000. (vgl. Fuchs, G. 1992, S. 578-581)

Doch ohne genauer darauf einzugehen, da dies ein zu weites Feld für diese Arbeit darstellt, werde ich im Folgenden vor allem auf die Klassiker unter den Symbiosen eingehen: Pilze, Flechten, Termiten und die Kuh.

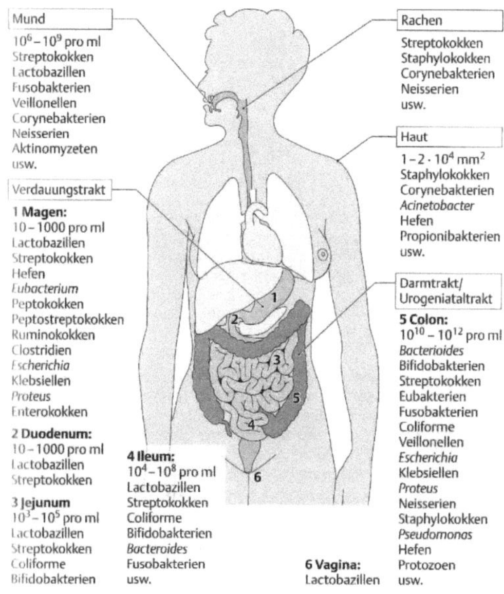

Abb. 14: Körperflora des gesunden Menschen
(aus Fuchs, G. 1992, S. 579)

3.4.1 Mykorrhizza

Wichtige Symbiosen, die sich wahrscheinlich schon am Beginn der Entwicklung der Land-pflanzen ergaben (vor 400-460 Mio. Jahren), sind die Mykorrhizzen (Einzahl: Mykorrhizza) (vgl. Fuchs, G. 1992, S.75f.).

Eine Mykorrhizza („Pflanzenwurzel") ist eine Symbiose zwischen dem Mycel eines Pilzes und den Pflanzenwurzeln im Boden. Die Pflanze erhält vom Pilz Mineralstoffe und Wasser im Austausch für Photosyntheseprodukte. Es wird unterschieden zwischen Endomykorrhizza

22

(Pilzgewebe dringt in Pflnzenzellen ein) und Ektomykorrhizza (Pilzgewebe dringt nur in Pflanzengewebe zwischen Zellen) (Abb. 15). Interessant ist die weite Verbreitung dieser Symbiose: „[Pilze] aus der Gruppe der Glomeromycota [die] 130 Arten zusammenfasst, [geht] mit etwa 80% aller Landpflanzen Symbiose[n] [ein]“ (Fuchs, G. 1992, S.75). Es handelt sich jedoch um obligate Symbionten, die nur mit und durch ihre Wirte überleben, anders als die Saprophyten, die auch ohne Wirt auskommen. Viele Pilze bilden im Waldboden ein riesiges Netz, welches viele hundert Bäume miteinander verbinden kann. Dies stellt einen Grund für das Bestehen des Ökosystems Wald dar. (vgl. Fuchs, G. 1992, S.75f.)

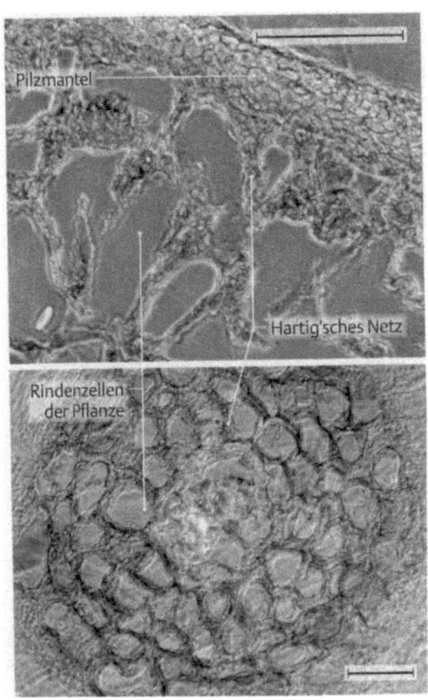

Abb. 15: Ektomykorrhizza mit Hartig'schen Netz (Pilzwurzeln bilden Mantel um Baumwurzel und dringen zwischen Baumwurzelzellen) (aus Fuchs, G. 1992, S. 76)

3.4.2   Flechten

Ein weiteres sehr verbreitetes Beispiel der Symbiose sind Flechten (Abb. 16). Photosynthese betreibende Mikroorganismen, wie Algen, gehen mit Pilzen eine Gemeinschaft ein, von denen die Algen Schutz vor Austrocknung oder pathogenen Bakterien erhalten, die Pilze hingegen erlangen Zucker zur Besiedlung von sonst nicht besiedelbaren Räumen, z.B. Steinen. Dies bedingt eine exponierte Stellung zur Sonne und gute Photosyntheseraten bei den Algen. (vgl. Fuchs, G. 1992, S.75)

Abb. 16: Flechten (aus Fuchs, G. 1992, S. 77)

3.4.3   Die Endosymbiontentheorie

Seit L. Margulis und ihren in den 60er Jahren anfangenden Überlegungen, geht man davon aus, dass kernhaltige große Zellen (Eucyten) in zwei Symbioseschritten zunächst Spirochaeten (bewegliches Bakterium) aufnahm und dadurch begeißelt, also mobil, wurde. Im nächsten Schritt nahm die nun zur Wirtszelle gewordene Eucyte „ursprünglich freilebende[] Protocyten (aerobe Alpha-Proteobakterien [heutige Mitochondrien], Cyanobakterien [heutige Chloroplasten])" (Kutschera, U. 2006, S.150) auf. Durch Nutzbarmachung (Phagocytose) dieser aufgenommenen neuen Protocyten wurden sie zu Endosymbionten. Durch gemeinsame Koevolution stellt diese „Zellansammlung" die heutigen Eukaryoten (Zellen mit Zellkern und Zellmembran mit mehreren Chromosomen) dar. (vgl. Kutschera, U. 2006, S.149f.)

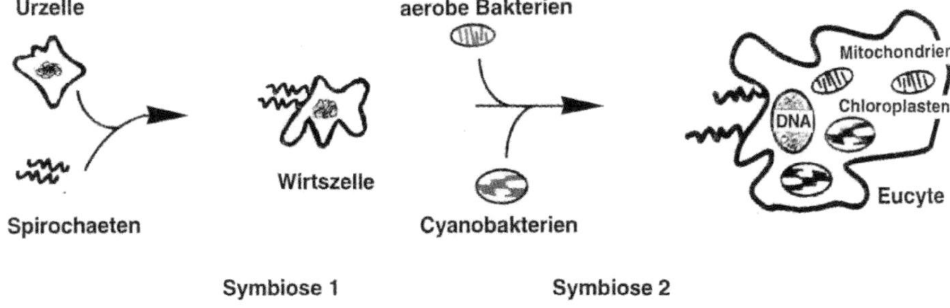

24

Abb. 17: Endosymbiontentheorie in zwei Symbioseschritten, jeweils durch Phagocytose; Symbiose 1 (hypotetisch, nicht nachgewiesen): Urzelle wird beweglich; Symbiose 2: Aufnahme von zukünftigen Chloroplasten und Mitochondrien und Wandel zur Eucyte

(aus Kutschera, U. 2006, S. 150)

Diese Annahmen werden durch heutige elektronenmikroskopische Untersuchungen rezenter Eukaryoten bestätigt, z.B., dass Chloroplasten und Mitochondrien immer noch die Größe ihrer verwandten, freilebenden Zellen (Cyanobakterien) haben, oder dass „[b]eide Organelltypen (…) von einer doppelten Membranhülle umschlossen" (Kutschera, U. 2006, S.150) sind: Ihrer eigenen und der, der sie umschließenden Zelle. Sie sind also noch immer komplett von der Eucyte getrennt. Dies wird unterstrichen durch die Tatsache, dass die einzelnen Organellen nicht gleiche, sondern unterschiedliche DNA, RNA und Ribosomen haben. (vgl. Kutschera, U. 2006, S.150f.)

Es gibt noch eine weitere Unterscheidung zwischen primärer und sekundärer Endosymbiose. Die primäre Endosymbiose wurde bereits oben erklärt. Sekundäre Endosymbiose stellt sich wie folgt dar: „Eine heterotrophe eukaryotische Wirtszelle nahm durch Phagocytose eine kleine photoautotrophe Eucyte auf, die wiederum das phylogenetische Produkt einer primären Endosymbiose ist" (Kutschera, U. 2006, S.154) (Abb. 18), was noch heute an einem rudimentären Nucleus (Zellkern), dem sogenannten Nukleomorph, in der ehemaligen Eucyte in der heutigen mit vollständigem Nucleus ausgestatteten Eucyte, zu erkennen ist und ebenfalls an den drei bis vier Hüllmembranen der Chloroplasten. Es gibt auch noch eine tertiäre Endosymbiose, die wie die sekundäre funktioniert, nur dass sie im Laufe ihrer Phylogenese bereits sekundär gebildete Organismen durch Phagocytose vereinnahmte. (vgl. Kutschera, U. 2006, S.153f.)

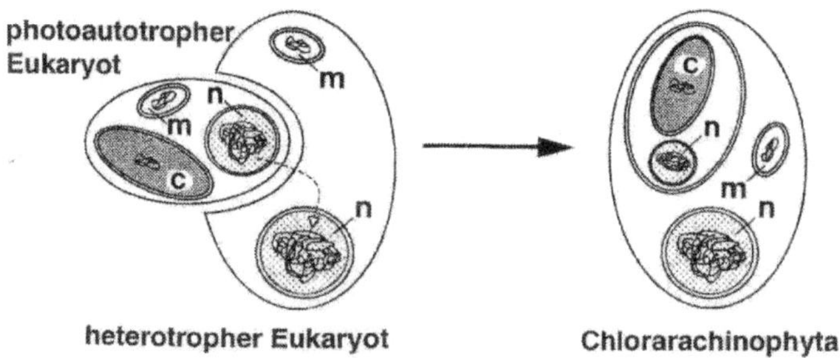

Abb. 18: Sekundäre Endosymbiose am Beispiel einzelliger Meeresalgen; Wirtszelle: heterotropher Eukaryot; Endosymbiont: photoautotropher Eukariot (durch bereits primär erfolgte Endosymbiose); c=Chloroplast; m=Mitochondrium; n=Zellkern bzw. rechts: Nukleomorph in Symbiontenzelle (aus Kutschera, U. 2006, S. 156)

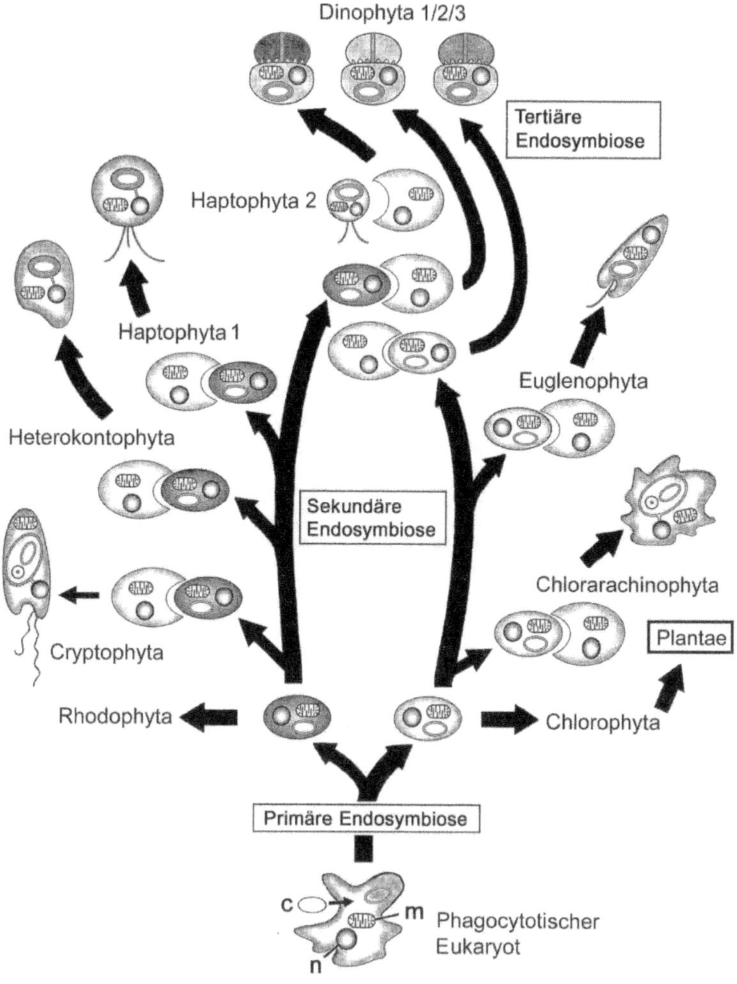

Abb. 19: Endosymbiosen bei Algen (aus Kutschera, U. 2006, S. 157)

Ein perfektes Beispiel und gleichzeitig der Beweis der Endosymbiontentheorie sind Algen (siehe Abb. 19). Aber auch komplexere Organismen, wie Photosynthese betreibende Meeresschnecken, Blattläuse, Wiederkäuer, oder auch Termiten.

3.4.4   Termiten

Bei Termiten wird zwischen höheren und niederen Termiten unterschieden. Niedere Termiten besitzen endosymbiontische Protozoen (Einzeller) in ihren Enddärmen. Diese schützen sie vor krank machenden Bakterien, erhalten das Redoxpotential aufrecht- die Enddärme sind wie Gärkammern- stellen überlebenswichtige Stickstoffverbindungen bereit und versorgen sie mit Vitaminen, Spurenelementen und wichtigen Fettsäuren. Bei Häutung gehen jedoch diese überlebenswichtigen Bakterien verloren. Nur durch Reinfektion durch Trophallaxis (gegenseitige Fütterung zwischen Termiten) können die einzelnen, in großen Stämmen lebenden Individuen fortbestehen. Die Protozoen machen artenabhängig bis zu ein Drittel des Gewichts aus und eine Termite ohne sie ist nicht überlebensfähig. (vgl. Breunig, A. 1993, S.4-8.)

3.4.5   Kuh

Wie die Termiten verfügen auch alle Wiederkäuer über eine Art „Gärmagen", der eine große Anzahl von Protozoen, Bakterien und Flagellaten beheimatet. Es sind symbiontische Mikroben, die lebensnotwendige Vitamine produzieren und bei der Verdauung von Cellulose unersetzlich sind. Beim Rind und der Kuh sind vier Kammern im Magen vorhanden. In den zwei Vormägen, Pansen und Netzmagen, sind Mikroorganismen angesiedelt, die Cellulose zu Zucker und Stärke reduzieren. Aufgrund der Anordnung des Magentraktes werden Rinder in die Gruppe der Vorderdarmfermentierer eingereiht, anders als die Gruppe der Enddarmfermentierer, wie z.B. die Menschen oder Schweine. Durch das Hochwürgen und das anschließende Wiederkäuen werden noch nicht aufgespaltene Celluloseverbindungen, die zuvor im Magen von den Mikroorganismen „übersehen" wurden, für eine weitere Aufspaltung vorbereitet. Nachdem der Nahrungsbrei das zweite Mal den Pansen und den Netzmagen passiert hat, gelangt er in den Blättermagen (Omasus). Dort wird er filtriert und erste Absorptionsvorgänge finden statt. Im Labmagen angekommen wird der Nahrungsbrei in den Dünndarm bewegt, wo schließlich letzte Absorptionsvorgänge stattfinden. Es sind große

Mengen von Bakterien bei diesen Vorgängen beteiligt: „Ein Milliliter Pansenflüssigkeit des Schafes enthält 16000 x 10^6 Bakterien, 10^6 Flagellaten sowie 3,3 x 10^5 Pansenciliaten. (…) der Pansen eines großen Rindes [umfasst] an die 80 Liter Flüssigkeit." (Howe, H. & Westley, L. 1993, S. 68). Ohne diese Armee an Ein- und Mehrzellern wäre ein Aufspalten der Nahrung und somit ein Überleben des Tieres nicht möglich.

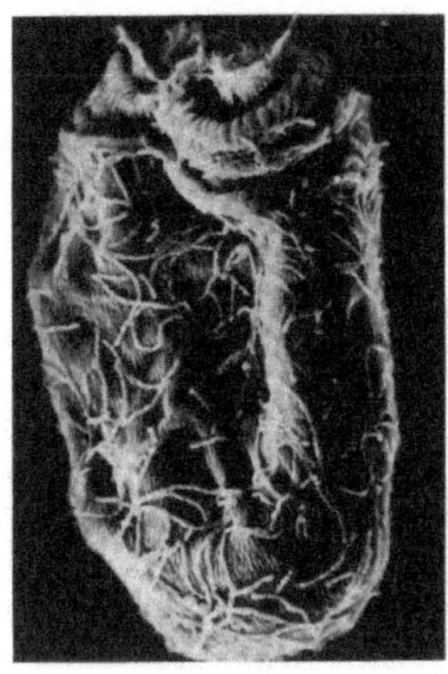

Abb. 20: Wiederkäuermagen mit Einzellern, die wiederum von Bakterien besiedelt sind
(aus Howe, H. & Westley, L. 1993, S. 70)

3.5 Parasitismus

Der Parasitismus ist eine andere Art der Beziehung zwischen Wirt und Nutznießer, denn der Nutzten liegt nur beim Parasit. Es handelt sich hier per definitionem um Koevolution, da sich Parasit und Wirt ausschließlich parallel entwickeln. Abzugrenzen sind Parasiten von den Parasitoiden, wie die Schlupfwespe, die ihre Eier in Larven spritzt und damit ihre Larven den Wirt langsam von innen heraus auffressen. Der Wirt wird also vorsätzlich getötet, aber nur in dem „Bewusstsein", dass er nach dem Larvenstadium nicht mehr von Nutzen für die Schlupfwespe ist. (vgl. Nentwig, W. & Bacher, S. et al. 2004, S. 144)

Bei den Parasiten wird zwischen Micro- und Macroparasiten unterschieden. Microparasiten entwickeln, ernähren und pflanzen sich im Wirt fort. Durch sehr viel kürzere Generationszeiten können sich die Microparasiten schnell an Abwehrmechanismen des Wirts anpassen. Macroparasiten leben eher auf dem Wirt und sind zumeist viel größer. Sie haben außerdem eine längere Lebensspanne und können bestenfalls nur kurzzeitige Immunität gegen Abwehrmechanismen aufbauen. (vgl. Thompson, J. 1994, S. 20)

Nach Thompson (1994) stellen Parasiten die am besten angepasste und am weitesten verbreitete Gruppe von Organismen dar. Sie müssen sich nicht nur den momentanen Abwehrmechanismen, sondern auch an verschiedene Stadien oder Lebenszyklen ihrer Wirte anpassen, sogar an andere Parasiten oder Fressfeinde auf dem Wirt, weil sie meist ihr ganzes Leben auf einem Wirt verbringen. Weiterhin müssen sie auf ihrem Wirt alles finden, was sie zum überleben brauchen, sonst sterben sie. Ihre Anwesenheit und die Wunden oder Nachteile, die dem Wirt durch den Parasit widerfahren, führen zu einer selbst induzierten Reaktion, z.B. durch das Immunsystem des Wirts. (vgl. Thompson, J. 1994, S. 121-125)

3.5.1 Parasitenhypothese

Die im vorrausgehenden Punkt behandelten Verhältnisse zwischen Parasit und Wirt haben nach Hamilton und Zuk (1982) zu einer Anpassung des Fortpflanzungsverhaltens von Weibchen geführt, um Resistenzen in einen größeren Genpool einzubringen. Die Weibchen wählen bevorzugt den Partner aus, der eine Resistenz gegen den in dieser Zeit vorherrschenden Parasiten oder Krankheitserreger aufweist. Es können hier nur Indikatoren, wie auffälligste Färbung, oder größter Hahnenkamm, für die Auswahl in Frage kommen. Die Indikatoren stehen dann für das Prädikat „nicht befallen" und „gute Gesundheit" falls sie stark ausgeprägt sind. Dann werden sie bevorzugt zur Fortpflanzung herangezogen. (vgl. Dettner, K & Peters, W. 1999, S. 457)

Diese Theorie gibt wiederum ein gutes Beispiel für ein Wettrüsten zwischen zwei Organismen ab, die dadurch koevolvieren.

3.5.2 Weitere Beispiele für Parasitismus

Anders als die Parasitoiden, die auch einen großen Teil der Insektenarten umfassen, töten Parasiten ihren Wirt nicht. Die Parasiten sind aber in einem bestimmten Stadium ihres Lebens obligat von ihrem Wirt abhängig und schädigen ihn auf eine oder mehrere Weisen. (vgl. Nentwig, W. & Bacher, S. et al. 2004, S. 144f.)

Im Folgenden werde ich zum Abschluss etwas genauer auf Beispiele bestimmter parasitärer Beziehungen eingehen, um diese weit verbreitete koevolutorische Spielart genauer zu illuminieren.

3.5.2.1   Großer Leberegel

Der große Leberegel, welcher zu den   Plathelmithen (Plattwürmern) und dort zu den Trematoden (Saugwürmern) gehört und damit in die gleiche Tierklasse wie der Erreger der "Bilharziose" gehört, besitzt nicht nur einen Hauptwirt, den er befällt, sondern noch weitere Zwischenwirte in verschiedenen Stadien seines Lebenszyklus. Der mehrzellige Organismus besitzt neben mehreren Wirten selbst auch unterschiedliche Gestalten, die sich wie folgt in oder außerhalb eines Wirts entwickeln: Die sich im Kuhdung befindlichen Eier benötigen eine feuchte Umgebung, damit die Miracidien aus ihnen schlüpfen können (Abb. 21). Sind sie erst einmal geschlüpft, werden sie von den in ihrem Verbreitungsgebiet vorkommenden Zwergschlammschnecken aufgenommen und vermehren sich in ihr. Nach einem weiteren Metamorphoseschritt in der Schnecke werden aus den Miracidien Cercarien, die dann ihr infektiöses Kapsellarvenstadium (Metacercarien) erreichen und von den Schnecken ausgeschieden werden. Diese eingekapselte Larve befestigt sich an Gräsern und kann entweder direkt auf der Weide oder auch durch das zugefütterte Heu in den letzten Wirt, die Kuh, gelangen. In der Kuh beginnt nun die eigentliche parasitäre Beziehung. Der Große Leberegel schlüpft aus den Metacercarien im Enddarm der Kuh und gelangt durch die Darmwand in die Leber der Kuh, die sie stark beschädigen. Nach zwei bis drei Monaten scheidet die Kuh die ersten Eier der Egel aus und der Zyklus beginnt von Neuem. (vgl. http://www.bestgenetics.at/pub/reports/sg/leberegel.pdf)

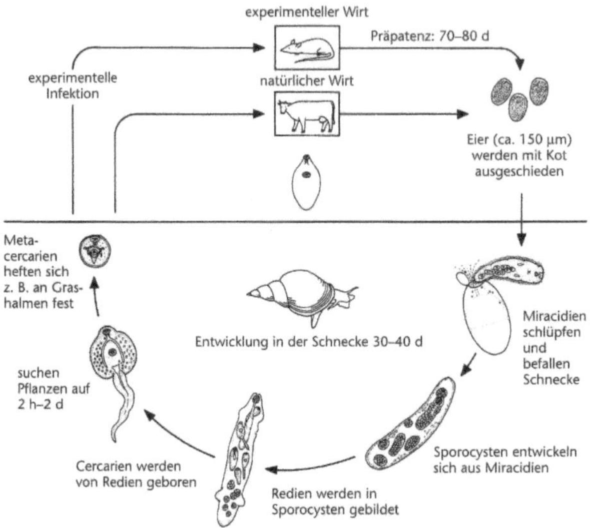

Abb. 21: Der große Leberegel und sein Entwicklungszyklus
(aus Nentwig, W. & Bacher, S. et al. 2004, S. 146)

3.5.2.2 Gallenbildende Insekten

Pflanzengallen sind „Sonderfälle der Herbivorie-allerdings mit parasitischen Zügen" (Benz, G. 1999, S. 15), genauer gesagt „Wachstumsanomalien an pflanzlichen Organen, die als Antwort auf Stimuli von Viren und Fremdorganismen (Bakterien, Pilze, Rädertierchen, Älchen, Milben und Insekten) hervorgebracht werden" (ebd.). Gallenbildende (zezidogene) Organismen nutzen dabei vor allem die Eigenschaften ihres Wirts aus und kontrollieren nach kurzer Zeit das Wachstum und weitere Entwicklung der befallenen Region. Sie schlagen den Wirt mit seinen eigenen Waffen, da sie Genregulierer sind und bestimmte Pflanzengene ein- und ausschalten können. Dies hat jedoch den Nachteil, dass sie ganz spezifisch auf eine Art angepasst sind, teilweise so stark, dass sie nur eine einzige Unterart (Subspezies) befallen können. Nachdem eine Galle, die im Aussehen von einer beulenförmigen Erhebung, bis zu eingerollten Blatträndern, oder einer Verdickung eines Stängels reichen kann, gebildet wurde, finden die dort eingesetzten Nachkommen Schutz und Nahrung und können sich ungehindert entwickeln. (vgl. Benz, G. S. 15ff.)

Abb. 22: Insektengallen; a)durch Blattläuse gekräuselte Blätter; b)Ananasgalle an Fichte; c)sogenannter Schlafapfel hervorgerufen durch Rosengallwespe; d)geöffneter Schlafapfel mit Larven in Kammern; e)Gallen von Ahorngallenwespe; d)geöffnete Pontania-Galle

(aus Benz, G. 1999, S. 16)

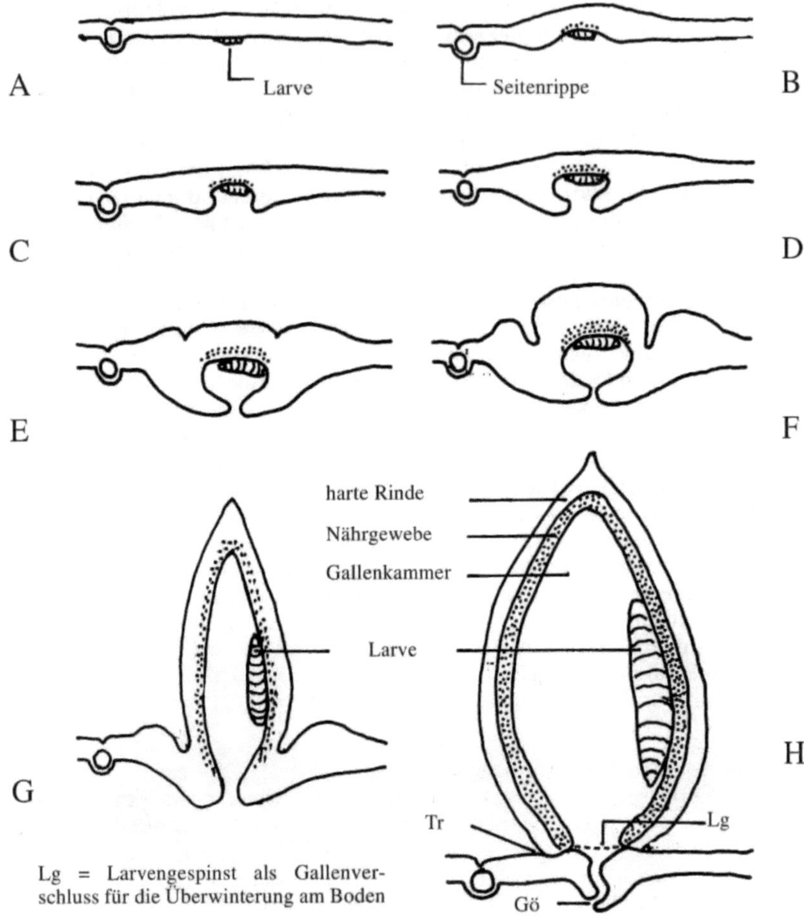

Abb. 23: Entwicklung einer Beutelgalle der Großen Buchenblattgallmücke
(aus Benz, G. 1999, S. 67)

Nicht alle Forscher betrachten die Gallenbildung auf diese Weise. Manche behaupten, dass
einerseits der Schutz der Gallen äußerst gering ist, da spezialisierte Parasiten, sie wiederum
als Nest entfremden und dadurch nur wenige Nachkommen der eigentlichen gallenbildenden
Parasiten schlüpfen, und weiterhin die Gallen als Schutzfunktion der Pflanze selbst gesehen

werden muss, damit nicht weitere Blätter von den zezidogenen Insekten befallen werden. Außerdem ist festzustellen, dass die meisten Pflanzen, die Gallenbildung aufweisen, weit evolutiv vorangeschritten sind und diese deshalb als koadaptive Schutzreaktion gegen zezidogene Organismen angesehen werden müssen. (vgl. Benz, G. S. 17f.)

4. Schlussfolgerung und Aussicht

„Das ist ein weites Feld…"

Effi Briest- Theodor Fontane

Neben all den obig angeführten Beispielen (ich beschränkte mich zumeist auf Beispiele zwischen Insekten und Pflanzen), gibt es noch eine Fülle von weiteren, die ich aus Platzgründen nicht mit angeführt habe. Die Erforschung der Koevolution ist noch ein junges Forschungsfeld, was oft zu sehr konträren Ansichten und verschiedenen Definitionen führt, weshalb ich mich bei Definitions- und Ansichtsdifferenzen zumeist an zwei Bücher hielt, um eine größere Verwirrung zu vermeiden. Es sind: John N. Thompsons *The Coevolutionary Process* und Henry F. Howes & Lynn C. Westleys Buch *Anpassung und Ausbeutung.* Viele der obigen Beispiele sind aus Gregor Benz *Wechselseitige Beziehungen zwischen Insekten und Pflanzen als Beispiele von Koevolution*, herausgegeben als Neujahrsblatt von der Naturforschenden Gesellschaft in Zürich.

Literaturverzeichnis

Benz, G. (1999): Wechselseitige Beziehungen zwischen Insekten und Pflanzen als Beispiele von Koevolution. In: Haller-Brem, S. (Hrsg.): Neujahrsblatt der Naturforschenden Gesellschaft in Zürich, Jg. 143. Zürich.

Breunig, A. (1993): Untersuchung symbiontischer Mikroorganismen aus holzfressenden Termiten. Ulm.

Boucher, D. H.(Hrsg.) (1985): The Biology of Mutualism. Ecology and Evolution. London.

Fuchs, G. (Hrsg.) (1992): Allgemeine Mikrobiologie. Stuttgart.

Futuyma, D.J. & Slatkin, M. (Hrsg.) (1983): Coevolution. Sunderland MA.

Howe, F. H. & Westley, L. C. (1993): Anpassung und Ausbeutung. Wechselbeziehung zwischen Pflanzen und Tieren. Heidelberg.

Kim, C.K. (Hrsg.) (1985): Coevolution of Arthropods and Mammals. New York.

Kratochwil, A. & Schwabe, A. (Hrsg.) (2001): Ökologie der Lebensgemeinschaften. Biozönologie. Stuttgart.

Kutschera, U. (2006): Evolutionsbiologie. Stuttgart.

Nentwig, W. & Bacher S. et al. (Hrsg.) (2004): Ökologie. Heidelberg .

Pirozynski, K.A. & Hawksworth, D.L. (Hrsg.) (1988): Coevolution of Funghi with Plants and Animals. London.

Thompson, J. N. (1994): The Coevolutionary Process. Chicago.

Thompson, J. N. (1982): Interaction and Coevolution. New York.

http://www.bgbm.org/bgbm/pr/zurzeit/papers/sprengel.htm (am 11.09.2009 um 12:50 Uhr)

http://www.bestgenetics.at/pub/reports/sg/leberegel.pdf (am 21.09.2009 um 13:32 Uhr)

http://www.innovations-report.de/html/berichte/biowissenschaften_chemie/bericht-22291.html (am 15.09.2009 um 09:39 Uhr)

Bildnachweis

http://www.britannica.com/EBchecked/topic-art/654572/20/Coevolution-between-the-yucca-moth-and-the-yucca-plant (am 21.08.2009, 12:02 Uhr)

Abb. 3, 5, 8, 9, 10a, 10b, 22, 23 aus: Benz, G. (1999): Wechselseitige Beziehungen zwischen Insekten und Pflanzen als Beispiele von Koevolution. In: Haller-Brem, S. (Hrsg.): Neujahrsblatt der Naturforschenden Gesellschaft in Zürich, Jg. 143. Zürich.

Abb. 14, 15, 16 aus: Fuchs, G. (Hrsg.) (1992): Allgemeine Mikrobiologie. Stuttgart.

Abb. 4, 6, 7, 11, 12, 20 aus: Howe, F. H. & Westley, L. C. (1993): Anpassung und Ausbeutung. Wechselbeziehung zwischen Pflanzen und Tieren. Heidelberg.

Abb. 17, 18, 19 aus: Kutschera, U. (2006): Evolutionsbiologie. Stuttgart.

Abb. 1, 13, 21 aus: Nentwig, W. & Bacher S. et al. (Hrsg.) (2004): Ökologie. Heidelberg .

Abb. 3: http://wdrblog.de/zoos_nrw/2007/09/babyboom_bei_bl.html (am 22.09.2009 um 10:05 Uhr)